BEI GRIN MACHT SICH IHR WISSEN BEZAHLT

- Wir veröffentlichen Ihre Hausarbeit,
  Bachelor- und Masterarbeit

- Ihr eigenes eBook und Buch -
  weltweit in allen wichtigen Shops

- Verdienen Sie an jedem Verkauf

Jetzt bei www.GRIN.com hochladen
und kostenlos publizieren

Bibliografische Information der Deutschen Nationalbibliothek:

Die Deutsche Bibliothek verzeichnet diese Publikation in der Deutschen National-bibliografie; detaillierte bibliografische Daten sind im Internet über http://dnb.d-nb.de/ abrufbar.

Impressum:

Copyright © 2009 GRIN Verlag, Open Publishing GmbH
Druck und Bindung: Books on Demand GmbH, Norderstedt Germany
ISBN: 9783640645220

Dieses Buch bei GRIN:

http://www.grin.com/de/e-book/152234/wasserverfuegbarkeit-und-agrarische-nutzung-im-einzugsgebiet-des-tarim

Riccarda Retsch

Wasserverfügbarkeit und agrarische Nutzung im Einzugsgebiet des Tarim

Aktuelle Problematik und Verbesserungsvorschläge

GRIN Verlag

Ruprecht-Karls-Universität Heidelberg

Geographisches Institut

HS: Physiogeographie

Thema: Aktuelle Umweltprobleme in Xinjiang (Westchina)

Wasserverfügbarkeit und agrarische Nutzung im Einzugsgebiet des Tarim – aktuelle Problematik und Verbesserungsvorschläge

Riccarda Retsch

Geographie Diplom (8.FS)
Politische Wissenschaft Südasiens 1. NF (7.FS)
Betriebswirtschaftslehre 2. NF (6.FS)

SS 2009

Inhaltsverzeichnis

1. Einleitung

Das in Süd-Xinjiang gelegene Einzugsgebiet des Tarim hat innerhalb der letzten 50 Jahre eine enorme Entwicklung durchlaufen. Während es vor der Machtübernahme der Kommunistischen Partei Chinas 1949 und dem darauf folgenden Einzug der Volksbefreiungsarmee in Xinjiang ein – abgesehen von vereinzelten Oasensiedlungen und kurzzeitig verweilenden Nomadenstämmen – nahezu unbesiedeltes Gebiet darstellte, wurde die Siedlungsstruktur nach 1949 durch eine gezielte Ansiedlung von Han-Chinesen schlagartig geändert. Zur Nahrungsmittelversorgung der neuen, die Grenzregion kontrollierenden Siedler, aber auch, um die wirtschaftliche Entwicklung Xinjiangs voranzutreiben, wurde Ende der 50er Jahre ein ausgedehntes Landerschließungsprogramm und eine in Schüben folgende Agrarkolonisation durchgeführt. Von Produktions- und Aufbaukorps geführte Staatsfarmen, agrarische Landnutzungsflächen, Staudämme, Bewässerungssysteme und neue Straßen diktierten fortan neben der traditionellen uigurischen Oasenwirtschaft das Landschaftsbild.

Die exzessive Erschließung eines überschätzten Landnutzungspotentials am Rande der Taklimakan hatte neben politischen, ökonomischen und sozialen vor allem tief greifende ökologische Folgen, wie die starke Verringerung der Abflussmenge des Tarim, das Trockenfallen seiner Endseen und eines großen Teils seines Unterlaufs sowie die Absenkung des Grundwasserspiegels. Das veränderte Flussregime führte innerhalb der letzten Jahrzehnte zur Degradation des sog. „Grünen Korridors", d. h. der Auenwälder entlang des Tarim sowie zur Zerstörung der umliegenden Wüstenvegetation und einer damit verbundenen Versandung. Durch die landwirtschaftlich bedingte Erhöhung des Mineralgehalts im Oberflächen- und Grundwasser kam es zudem zu einer starken Bodenversalzung sowie einer Wasserverschmutzung. Die Degradation von Weideflächen folgte ebenfalls.

Nach einer geographischen sowie naturräumlichen Einordnung des Gebietes beschäftigt sich die vorliegende Arbeit mit der sich im Zeitverlauf verändernden Verfügbarkeit der Wasserressourcen und den ebenfalls mit der Zeit wechselnden Formen der Bodennutzung im Einzugsgebiet des Tarim sowie mit den daraus hervorgehenden Ursachen der Zerstörung des ökologischen Gleichgewichts. Im Anschluss darauf wird näher auf die sich daraus ergebenden Folgeerscheinungen eingegangen, bevor die Arbeit mögliche Lösungsansätze für die derzeitige Situation diskutiert und mit einem Ausblick schließt.[1]

---

[1] Um Verwirrungen bezüglich der je nach Literaturquelle teilweise variierenden Schreibweise von topographischen Begriffen zu vermeiden, orientiert sich die vorliegende Arbeit weitestgehend an der englischen Schreibweise (andere Varianten werden jeweils nachfolgend in Klammern gesetzt).

2. Das Einzugsgebiet des Tarim – eine Geographische Einordnung

Das Einzugsgebiet des Tarim erstreckt sich im Wesentlichen über den nördlichen sowie den südwestlichen Teil Süd-Xinjiangs (vgl. Abb. 1) und somit über einen Großteil des Tarim-Beckens und den jeweils dem Becken zugewandten Seiten der umliegenden Gebirge mit dem Tian Shan (Tjan´-Šan´) im Osten, dem Pamir und dem Karakorum im Westen sowie dem Kulun Shan (Kunlun-San´) und Altun Shan (Altyn-San´) im Süden. Mit einer Größe von etwa 350.000 km² [2] umfasst das Einzugsgebiet ein knappes Zehntel der chinesischen Gesamtfläche und entspricht damit in etwa der Größe von Deutschland. Das aus 114 Flussläufen[3], Salzseen und einem Süßwassersee (Bosten-See) bestehende Areal ist durch vier verschiedene Entwässerungssysteme, deren Abflussmenge dem Tarim durch die Flüsse Hotan, Yarkand, Aksu und Konque zugeführt wird, gekennzeichnet[4] (vgl. CHEN et al. 2008, S. 4214).

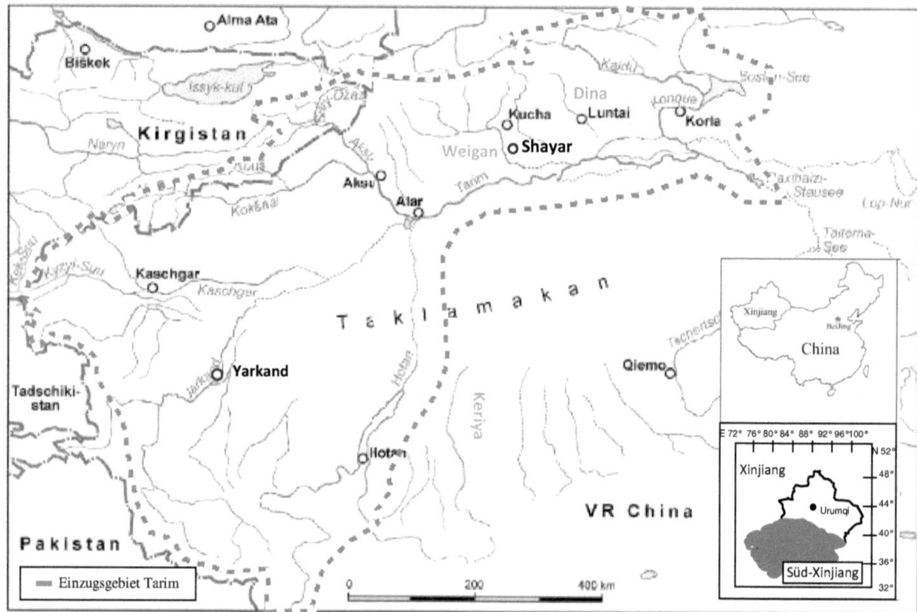

Abbildung 1: Hydrographische Übersicht des Tarim-Beckens mit Einzugsgebiet des Tarim
Quelle: GIESE, MAMATKANOV, WANG 2005, S. 7 ; HAO 2008, S. 436 (verändert)

---

[2] Es ist davon auszugehen, dass es sich bei der Größe des Einzugsgebietes um keinen konstanten Wert handelt. Vor dem Hintergrund einer stetigen Abnahme der Abflussmenge des Tarim und dem Versiegen von Quellflüssen vor Eintritt in den Tarim, ist davon auszugehen, dass sich das Einzugsgebiet innerhalb der letzten Jahrzehnte verkleinert hat.

[3] Bezüglich der genauen Anzahl der Flussläufe und ob es sich dabei um die ursprünglichen oder die derzeitigen Flussläufe handelt, herrscht innerhalb der Literatur Uneinigkeit, sicher ist dagegen, dass die Zuflüsse der Quellflüsse des Tarim bei genannter Angabe mit einbezogen wurden.

[4] Früher hatte der Tarim durch die Zuflüsse Tschertschen (Qarqan), Keriya, Kaschgar (Kaxgar, Kashgar), Weigan und Dina fünf weitere Entwässerungssysteme.

Der Fluss Tarim entsteht nahe der Stadt Alar (Aral) im Südwesten der Provinz Xinjiang durch den dortigen Zusammenfluss der in den angrenzenden Gebirgen entspringenden Quellflüsse Aksu, Yarkand (Yarkant, Jarkand) und Hotan. Von dort durchfließt der heute überwiegend nur noch durch den Aksu versorgte Fluss das nach Osten abfallende Tarim-Becken von Westen nach Osten entlang des Nordrandes der Taklamakan-Wüste bis er nahe der Stadt Korla, wo der Nebenfluss Konque in den Tarim mündet, nach Süden abbiegt und dort im Bereich des Daxihaizi-Stausees versiegt (vgl. Abb. 1; GIESE, MAMATKANOV, WANG 2005, S. 5). Mit einer Länge von 1321 km stellt der Tarim sowohl den längsten Fluss des Tarim-Beckens als auch den größten Binnenfluss der Volksrepublik China dar (vgl. HAO, CHEN, LI 2008, S. 435).

Dort wo die im Gebirge entspringenden, stark verästelten Zu- und Quellflüsse des Tarim als einzelner Flusslauf aus dem Gebirge austreten und aufgrund der abnehmenden Fließgeschwindigkeit einen Schwemmfächer, bestehend aus einer Akkumulation fluvialer Sedimente, bilden und infolgedessen erneut stark verzweigen, liegen die von den Uiguren (Uighuren) bewohnten Oasen sowie die landwirtschaftlichen Flächen. Kaschgar, Hotan, Yarkand und Aksu gehören zu den größten entlang der alten Seidenstraße liegenden Oasen im Einzugsgebiet des Tarim. Kucha und Korla zählen ebenfalls zu den größeren Oasenstädten (vgl. Abb. 1; GIESE, MAMATKANOV, WANG 2005, S. 5).

3. Das Einzugsgebiet des Tarim – eine naturräumliche Einordnung

3.1 Klima

Das Einzugsgebiet des Tarim zeichnet sich durch ein extrem kontinentalarides Klima aus. Kontinentalaride Klimate sind im Allgemeinen durch eine intensive Sonneneinstrahlung, eine geringe Niederschlagsmenge sowie eine austrocknende Wirkung des Windes gekennzeichnet. Im Einzugsgebiet des Tarim werden genannte

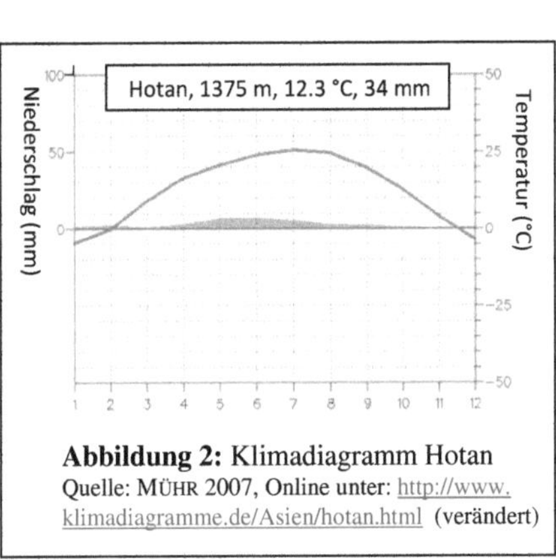

Abbildung 2: Klimadiagramm Hotan
Quelle: MÜHR 2007, Online unter: http://www. klimadiagramme.de/Asien/hotan.html (verändert)

Charakteristika durch die hoch-kontinentale Lage[5] und die Leewirkung der Gebirgsmassive[6], welche das Einzugsgebiet umschließen, zusätzlich verstärkt (vgl. HALIK 2003, S. 30; HOPPE 1992, S. 131).

---

[5] Die hochkontinentale Lage sorgt durch ihre Meeresferne und dem damit verbundenen, geringen Anteil an feuchten Luftmassen für trockene Winde.

Für das Einzugsgebiet des Tarim ergeben sich daraus folgende klimatische Bedingungen:

- Die mittlere Jahresniederschlagsmenge beläuft sich auf weniger als 50 mm (Beispiel: vgl. Abb. 2), wobei zu beachten ist, dass die jeweilige Menge räumlich stark variiert. Während beispielsweise die Südabdachung des Tian Shan einen jährlichen Niederschlag von 257 mm aufweist, fällt dieser mit einer Menge von durchschnittlich 24,2 mm in den Ebenen Süd-Xinjiangs deutlich geringer aus (vgl. HALIK 2003, S. 35).

- Die mittleren jährlichen Verdunstungsraten übersteigen die durchschnittlichen Niederschlagswerte um ein Vielfaches. Messwerte einer von 1971 bis 1980 angelegten Messreihe ergaben zum Beispiel für die Oasenstadt Hotan einen durchschnittlichen Jahresniederschlag von 30,7 mm, welchem eine potentielle Verdunstung von 2577,8 mm gegenüberstand (vgl. HALIK 2003, S. 36).

- Die vorherrschenden Winde im Einzugsgebiet des Tarim kommen im Winter aus Nordosten, im Sommer aus Nordwesten und Westen[7]. Die Winde sind Träger von feuchter Luft sowie von Sand-, Staub- und Salzpartikeln. Die vor allem im Frühjahr bestehenden hohen Windgeschwindigkeiten[8] führen zu verstärkt auftretenden Sand- und Staubstürmen, von denen vor allem die Oasen am südlichen Rand der Taklamakan und der Unterlauf des Tarim betroffen sind (vgl. Tab. 1).

- Die Temperaturen weisen starke jahreszeitliche Temperaturschwankungen mit heißen Sommern und kalten Wintern sowie starke tageszeitliche Temperaturschwankungen mit hohen Temperaturen am Tag und sehr viel niedrigeren in der Nacht auf. Die mittlere Jahrestemperatur liegt zwischen 9-11°C, die Monatsamplitude bei durchschnittlich 35°C (vgl. Abb. 2, HALIK 2005, S. 34).

- Die Sonnenscheindauer beläuft sich im Jahresdurchschnitt auf 2.600 bis 3.300 Stunden[9].

Tab. 1: Staub-, Sand- und Staub-/Sandsturmtage pro Jahr in verschiedenen Oasen
Quelle: Eigene Darstellung nach HALIK 2003, S. 40

	Staubtage (insgesamt) Sichtweite unter 10 km, kein nennenswerter Wind	Sandwindtage Sichtweite unter 1 km, Wind-Geschwindigkeit > 5m/sek.	Staub-/Sandsturmtage Sichtweite unter 0,1 km, Wind-Geschwindigkeit > 17 m/sek.
Korla	95	32	8
Aksu	70	27	11,5
Kaschgar	120	33	19
Hotan	207	67	33

[6] Die Leewirkung der Gebirgsmassive führt dazu, dass auch die letzten von der Westwindströmung herbeigeführten feuchten Luftmassen vor dem Erreichen des Beckens größtenteils abgefangen werden.
[7] Aufgrund der lokalen topographischen Bedingungen und Luftdruckverhältnisse werden die Hauptwindrichtungen am Rande der Taklamakan stark verändert, sodass in Kaschgar und Aksu ganzjährig nordwestliche, in Korla nordöstliche und in Hotan südwestliche Winde vorherrschen (vgl. HALIK 2003, S. 38).
[8] Die hohen Windgeschwindigkeiten sind Folge eines angestrebten Druckausgleichs zwischen dem sich im Frühjahr über der Wüste ausbildenden Tief und dem über den Gebirgen entstehenden Hoch (vgl. BOHNET, GIESE, GANG 1998, S. 27).
[9] Entsprechende jährliche Mittelwerte für Berlin liegen bei 1.700 Stunden (vgl. KRAFT 1993 zitiert in HALIK 2003, S. 33, Fußnote).

3.2 Hydrologie

Der Großteil der Flussläufe im Einzugsgebiet des Tarim entspringt in den umliegenden Gebirgen und fließt – meist durch die Mündung in andere Gebirgsflüsse – in das abflusslose Tarim-Becken, wo die Flüsse entweder in den Tarim münden, salzhaltige Endseen bilden, versickern, verdunsten oder aber gänzlich im Sand oder Kies der Wüste verschwinden. Die größtenteils durch die Gletscher- und Schneeschmelze der Hochgebirge gespeisten Flüsse[10] sowie ein dadurch bedingter oberflächlicher Wasserabfluss, dessen Jahresaufkommen zu knapp 70 Prozent auf den Sommer fällt, lassen für den Tarim ein überwiegend glaziales beziehungsweise nivo-glaziales (Mischform) Abflussregime[11] erwarten (vgl. Abb. 3).

Der Abflussgang glazialer beziehungsweise nivo-glazialer Abflussregime ist thermisch über die Schnee- und Gletscherschmelze gesteuert und zeichnet sich durch einen jahreszeitlich sehr ungleichmäßigen Oberflächenabfluss mit einer Abflussspitze im Sommer aus (vgl. HALIK 2003, S. 40 ff.). Vergleicht man die einfachen Regime der Regimeklassifikation nach PARDÉ mit den Abflussregimes der drei Hydromessstationen des Tarim (vgl. Abb. 3 und 4), wird die Vermutung eines glazialen beziehungsweise eines nivo-glazialen Abflussregimes bestätigt.

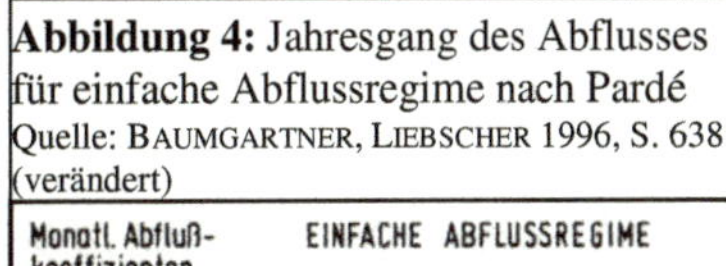

Abbildung 4: Jahresgang des Abflusses für einfache Abflussregime nach Pardé
Quelle: BAUMGARTNER, LIEBSCHER 1996, S. 638 (verändert)

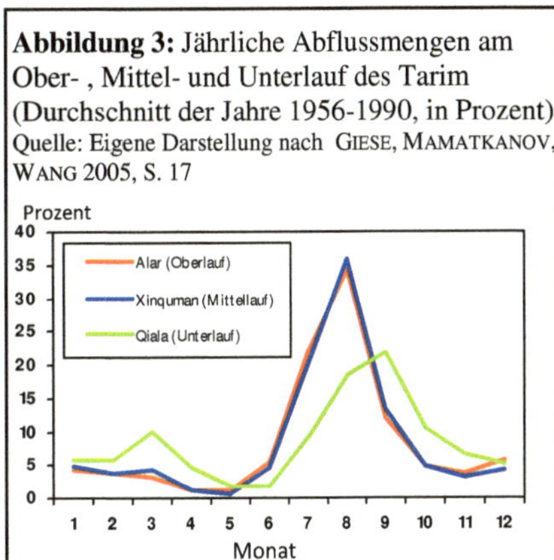

Abbildung 3: Jährliche Abflussmengen am Ober-, Mittel- und Unterlauf des Tarim (Durchschnitt der Jahre 1956-1990, in Prozent)
Quelle: Eigene Darstellung nach GIESE, MAMATKANOV, WANG 2005, S. 17

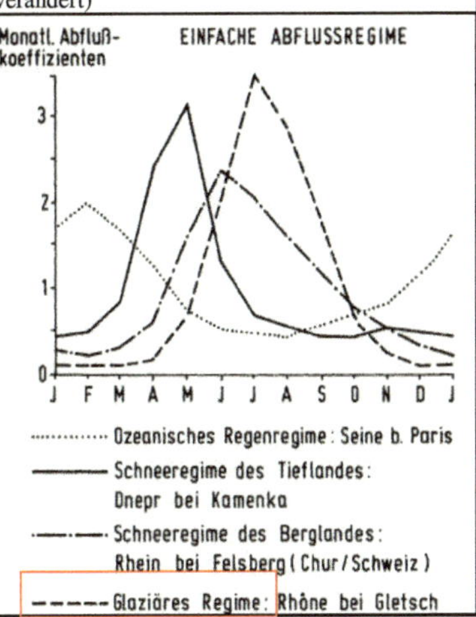

---

[10] Beispiel: Der Fluss Hotan erhält 65 Prozent seiner Abflussmenge durch Schnee- und Gletscherschmelze, dagegen nur 17 Prozent durch Niederschlag und 18 Prozent durch den Zufluss von Grundwasser (vgl. BOHNET, GIESE, GANG 1999, S. 90).

[11] Ein Abflussregime ist der charakteristische mittlere Jahresgang des Abflusses eines Fließgewässers, welcher durch verschiedene Umweltfaktoren des betrachteten Einzugsgebietes bedingt ist; sowohl glaziale (Gletscher bedingt) als auch nivo-glaziale (Schnee- und Gletscher bedingt) Abflusssysteme werden als einfache Regime bezeichnet, welche sich durch nur ein ausgeprägtes jährliches Abflussmaximum auszeichnen (vgl. BAUMGARTNER, LIEBSCHER 1996, Online unter: http://www.hydroskript.de/html/_ index.html? page=/html/ hykp0706.html).

Die derzeitige jährliche Abflussmenge des Tarim beträgt 3.98 Mrd. km³ (vgl. HAO, CHEN, LI 2008 S. 435). Die nach wie vor bestehende starke Abhängigkeit der Bevölkerung von der durch die Schnee- und Gletscherschmelze bedingten jährlichen Abflussmenge, der eine weitaus höhere Wichtigkeit als dem fallenden Niederschlag beigemessen wird, verdeutlicht folgendes Zitat:

„Höchst paradox klingt das häufig zu hörende Stoßgebet von Xinjiangs Bauern: „Ich hoffe, es regnet nicht wieder, sonst haben wir unter Trockenheit zu leiden!" Der Widerspruch, der in diesem Satz zu liegen scheint, löst sich schnell auf, wenn man bedenkt, dass der Regen für die Landwirtschaft Xinjiangs so gut wie keine Rolle spielt; an manchen Orten verdampft jeder vom Himmel fallende Tropfen, noch ehe er die Erde erreicht hat. Die über dem heißen Land liegende Trockenheit frisst den ihr entgegenfallenden Regen förmlich auf. Die Landwirtschaft muss sich also auf eine andere Form der Wasserzufuhr verlassen, nämlich das Schmelzwasser, das von den Bergen herabgeleitet wird. Je heißer die Sonne brennt, um so mehr Schnee wird abgeschmolzen und um so reicher fließt der Segen in die Bewässerungskanäle. Ein regenverhangener Himmel dagegen bremst den lebenswichtigen Schmelzungsprozess" (WEGGEL 1984 zitiert in HALIK 2003, S. 37).

Innerhalb der letzten Jahrzehnte hat sich die Höhe der Wasserführung des Tarim stark verändert. Während sie früher so hoch war, dass der schwedische Forschungsreisende Sven Hedin im Frühjahr 1899 mit einem großen Boot bis 40 Kilometer vor den Lop-nor (Lop Nur) fahren konnte (vgl. HALIK 2003, S. 42), hat sich die Abflussmenge des Tarim innerhalb der letzten 50 Jahre so stark reduziert, dass die Fließstrecke um insgesamt 321 km verkürzt wurde.

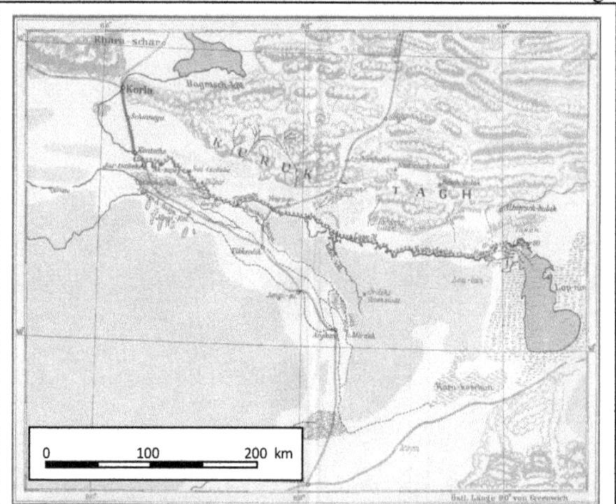

Sein ursprünglicher Endsee Lop-nor, welcher noch bis Anfang der 30er Jahre einen salzhaltigen Flachwassersee mit einem Wasservermögen von 1900 km³ bildete (vgl. Abb. 5), ist aufgrund dessen bereits 1972 trocken gefallen. Aufgrund einer zeitweiligen Südablenkung des Tarim, wo er nicht in die abflusslose Senke des Lop-nor floss, bildete der

Abbildung 5: Unterlauf des Tarim und sein Endsee Lop-nor 1934 nach Hedin
Quelle: GIESE, MAMATKANOV, WANG 2005, S. 9 (verändert)

Tarim mit dem Taitema-See einen weiteren Endsee. Heute versiegt der Tarim bereits in Höhe des Daxihaizi-Stausee, da auch der Taitema-See, der Anfang der 30er Jahre noch eine Fläche von 150 km³ bedeckte, aufgrund der sinkenden Abflusses seit 1981 verlandet ist (vgl. GIESE, MAMATKANOV, WANG 2005, S. 8).

3.3 Vegetation und Böden

Großräumig betrachtet, besteht das Einzugsgebiet des Tarim größtenteils aus Hochgebirgssteppen (in den Gebirgen) und Halb- beziehungsweise Vollwüsten (in der Ebene), welche durch typische Wüstenpflanzengesellschaften und deren xerophytisches Artenspektrum gekennzeichnet sind [12]. Kleinräumig gesehen sind jedoch einige Abweichungen der naturräumlichen Zonalität der Vegetation zu erkennen, welche vor allem in feuchteren Gebirgsregionen, an den Ufern der Flüsse und Seen sowie um die Quellaustrittsbereiche an den Rändern der Schwemmfächer in Erscheinung treten. Hier wird die Hochgebirgssteppen- und Wüstenvegetation durch Pflanzengesellschaften der Feuchtwiesen- und Waldvegetation ergänzt (vgl. HALIK 2003, S. 46). So findet man neben den typischen Vegetationsarten wie den Tamariskengebüschen (Tamarix ramosissima) zusätzlich Schilfröhrichte, Ulmenbestände (Ulmus pumila), Sanddorn (Hippophae rhamnoides), Ölweiden (Elaeagnus) sowie extrem salztolerante Pflanzenarten wie die Tugaj-Wälder. Der in dieser Region vor allem aus Populus euphratica, Populus diversifolia und Populus pruinosa (Pappelarten) bestehende Tugaj-Wald ist – wie alle Tugaj-Wälder – an die dynamischen Flusssysteme in Trockengebieten angepasst und bildet den Lebensraum für die meisten Pflanzen- und Tierarten im ariden Zentralasien. Alte Flussläufe und Deltabildungen sind mit halophiler Vegetation besetzt, welche sich aus Annuellen (Salsola, Suaeda, Halogeton), Zwergsträuchern (Tamarix und Halostachys) und schwarzem Saksaul (Haloxylon ammodendron) zusammensetzt (vgl. BOHNET, GIESE, GANG 1998, S.13 f.; HALIK, KÜCHLER, KLEINSCHMIDT 2005, S. 34). Neben den genannten Gehölzen wachsen in den Oasensiedlungen zudem Obstbäume (Aprikosen-, Pfirsich-, Birnen-, Walnuss-, Maulbeerbaum-, Apfel-, Jojoba-, Mandelbaum-, Quitten-, Granatapfel- und Traubenarten).

In Übereinstimmung mit den vegetationsgeographischen Abweichungen von der klimatischen Zonalität findet man im Einzugsgebiet des Tarim auch spezifische, standortabhängige Bodentypen, welche sich von den typischen Hochgebirgssteppen- und Wüstenböden, in denen kaum bodenbildende Prozesse ablaufen, unterscheiden. Zu den wichtigsten nicht-zonalen Böden im Einzugsgebiet des Tarim zählen der leicht kultivierbare Auenboden beziehungsweise Tugaiboden (nach FAO-Nomenklatur: Fluvisol) [13], welcher vor allem entlang der Flussläufe zu finden ist, sowie der Wiesenboden (nach FAO-Nomenklatur: Yermosol) (vgl. HALIK 2003, S. 45 ff.).

---

[12] Xerophyten zeichnen sich durch an die Trockenheit angepasste Besonderheiten wie fleischige Stielblätter, ledrige oder behaarte Blattoberflächen, Kleinwüchsigkeit und kräftige Wurzelsysteme aus. Genannte Eigenschaften schützen vor Feuchtigkeitsverlust durch Transpiration, Temperaturextremen und Stürmen (vgl. HALIK 2003, S. 47).

[13] Schwemmlandboden, der sich in alluvialen Ablagerungen in den Auen der Flüsse gebildet hat (vgl. WEN 1965 aus HALIK 2003, S. 45, Fußnote)

Sowohl die Vegetation als auch die Böden sind größtenteils stark anthropogen überprägt, was innerhalb der letzten Jahrzehnte zu sichtbaren Veränderungen des natürlichen Pflanzenbestandes sowie der natürlichen Bodenhorizontabfolge geführt hat.

Mit durchschnittlich 200 bis 260 frostfreien Tagen[14] dauert die Vegetationsperiode in den Oasen im Einzugsgebiet des Tarim von etwa Mitte März bis Anfang November an (vgl. HALIK 2003, S. 33).

4. Wasserressourcen und Landnutzung im Einzugsgebiet des Tarim

Sowohl die Wasserressourcen als auch die Landnutzung haben sich im Einzugsgebiet des Tarim innerhalb der letzten Jahrzehnte stark verändert. Die entscheidende historische Zäsur erfolgte durch die nationalstaatliche Herrschaftsübernahme durch die Kommunistischen Partei Chinas im Jahre 1949. Die ab diesem Zeitpunkt einsetzenden Veränderungen hinsichtlich der Wasserressourcen und der Landnutzung markierten den Beginn der ökologischen Probleme des Tarim. Vor dem Hintergrund dieser Entwicklung wird im Folgenden vorerst die Situation vor 1949 dargestellt, um darauf folgend näher auf die Entwicklung der Wasserverfügbarkeit und der Landnutzung nach 1949 einzugehen.

4.1 Wasserressourcen und Landnutzung vor 1949

Vor Angliederung Xinjiangs an China und dem Beginn des kommunistischen Herrschaftsregimes 1949 wurde die Region Xinjiang einerseits durch die uigurische Oasenwirtschaft und andererseits durch die nomadische Weidewirtschaft der Kasachen, Kirgisen und Mongolen geprägt.

4.1.1 Die Oasenwirtschaft

Die uigurische Agrarkultur zeichnet sich aufgrund der meeresfernen Lage und dem extrem ariden Klima durch eine Oasenwirtschaft und damit durch eine typische Form traditioneller Inwertsetzung von Trockengebietsböden aus.

Die Oasenwirtschaft, welche jenseits der agronomischen Trockengrenze durch zusätzliche Bewässerung betrieben wird, ist eine äußerst intensive Form der Landnutzung. Typisch für den Anbau sind der Stockwerkbau und die Pflanzenvielfalt.

Bei der uigurischen Oasenwirtschaft ist bis heute die kleinflächige Mischkultur als Anbaumethode vorherrschend. Diese optimal an die Standortbedingungen angepasste Art der Landnutzung zeichnet sich durch folgende Merkmale aus:

---

[14] Die im Vergleich zu Nord-Xinjiang mit 160 bis 180 frostfreien Tagen relativ hohe Anzahl ist durch die umliegenden Gebirge bedingt, welche vor Kälteeinbrüchen aus dem Norden und Westen schützen.

- ein temporäres Brachliegen des Bodens
- eine mehrstöckige Pflanzendecke, die für einen wirksamen Einstrahlungsschutz, eine Verhinderung von Bodenerhitzung und Schutz vor Verdunstung durch Luftbewegung sorgt sowie
- Kanalrand- und Feldrandbepflanzungen mit Bäumen, welche der Drainage von Sickerwasserverlusten aus Kanälen und von Feldern dienen.

Das bei dieser Anbaumethode verfolgte Prinzip liegt in der möglichst vollständigen Verarbeitung des aufgebrachten Bewässerungswassers oder des anstehenden Grundwassers durch Pflanzen und in der Zirkulation der entstehenden Biomasse.

Hierdurch wird vermieden, dass sich die Bodensalze oder die im Wasser gelösten Salze in den oberen Bodenhorizonten ablagern oder aber im Drainagewasser abgeführt werden. Stattdessen werden sie im Zirkulationsprozess der Biomasse „weiterverarbeitet", chemisch verändert und durch ihren Einbau in die organische Masse unschädlich gemacht beziehungsweise genutzt (vgl. HOPPE 1992, S. 152 ff.).

HOPPE (1992) hat anhand des Kreises Shayar (Xayar, Shaya)[15] sechs für die uigurische Oasenwirtschaft wesentliche Nutzlandtypen herausgestellt, welche sich hinsichtlich ihres Reliefs, ihres Wasserangebots und der Bodenart unterscheiden und entsprechend unterschiedlich genutzt werden (vgl. Abb. 6)[16].

Die einzelnen Nutzlandtypen sind meist mit einander vergesellschaftet und ergeben je nach Art der Vergesellschaftung unterschiedliche Reproduktionsmodelle.

Haupt-Flur-formen	Bodentyp nach chin. Klassifikation	Boden-güte *	Boden-bearbeitung	Kulturen	Anzahl der Bewässerungen	Einfriedung durch Flurgehölz	Feldgröße und Lage in der Dorfflur
bag	Sedimentboden**	1	Pflug (aqimak kax) kätmän	Wein, Obst u. Gemüse kleinflächig Weizen u. Luzerne	2-6	ja	0,5-2 mu verbunden mit Häusern. Plantagen mit 5-15 mu
etiz	"	1	Pflug, im Doppelgespann, Schlichte, Egge	Weizen, Mais, Baumwolle, am Feldsaum Obst, Eleagnus, Pappel	2-3	ja	1-2 mu
maydan	Chao-Boden/ Sedimentboden	2/3	"	Melonen, Saflor, Lein Hanf, Weizen, Mais, Luzerne	2-3	halboffen oder ganz offen	2-10 mu mehrere Feldstücke aneinander grenzend
sala etiz (Streifenfeld)	Sedimentboden/ Chao-Boden	1/2	"	Weizen, Mais, Baumwolle	2-3	moderner Schutzwaldgürtel	100-200 mu
benam yär	diverse marginale Böden	3	Pflug wie oben	Melonen, salztolerante Mais- und Weizensorten		keine	2-4 mu
otlak	Wiesensolontschak, Sumpfboden u.a					keine	

* Die Böden werden ihrer Fruchtbarkeit nach traditionell in drei Kategorien unterteilt: (1) fruchtbar, (2) mittel, (3) mangelhaft.
** Boden mit Bewässerungsauflage.

Abbildung 6: Hauptflurbezeichnungen und ihre wesentlichen Charakteristika im Kreis Shayar
Quelle: HOPPE 1992, S. 169 (verändert)

---

[15] Der Kreis Shayar gehört zu dem Bezirk Aksu und befindet sich etwa 70 km unter Kucha (vgl. Abb. 1).
[16] Im Gegensatz zum Pflanzenbau spielen die Viehwirtschaft bei den Uiguren aufgrund einer inzwischen sehr begrenzten natürlichen Basis für die Weidewirtschaft, eine eher untergeordnete Rolle (vgl. HALIK 2003, S. 65, Fußnote).

Zusammenfassend zeichnet sich die vor 1949 ausschließlich traditionell betriebene Oasenwirtschaft der uigurischen Bauern aufgrund der eher extensiven statt intensiven Anbaumethoden[17] durch ein niedriges Ertragsniveau sowie eine geringe Nutzungsintensität aus. Betrachtet man die uigurische Oasenwirtschaft jedoch vor dem Hintergrund der verbrauchten Wasserressourcen und der negativen Auswirkung auf die Umwelt, ist die Form der Landwirtschaft als äußerst nachhaltig zu bewerten, da sie durch eine sparsame Wassernutzung sowie eine optimale Anpassung an die jeweiligen Standortbedingungen wenig bis gar keine Umweltschäden verursacht hat. Zwar wird die traditionelle Oasenwirtschaft bis heute praktiziert, hat jedoch durch die „moderne" Landwirtschaft an Bedeutung verloren (vgl. HALIK 2003, S. 66).

4.1.2 Nomadische Viehhaltung

Im Gegensatz zur Oasenwirtschaft handelt es sich bei der Nomadenwirtschaft, deren Wirtschaftsgrundlage die Viehhaltung ist, um eine extensive Form der Landnutzung. Kennzeichen der extensiven Landwirtschaft sind eine hohe Flächeninanspruchnahme sowie ein geringer Eingriff in den Boden. Die von genealogischen Sozialgruppen betriebene Form der Bodennutzung erzwingt aufgrund der mit nur wenig Futterreserven ausgestatteten Naturweide eine in gewissen Abständen erfolgende Herdenwanderung (vgl. GEBHARDT 2005, S. 9).

Die im Einzugsgebiet des Tarim primär von Kasachen, Kirgisen und Mongolen betriebene nomadische Weidewirtschaft zeichnete sich durch periodisch-jahreszeitlich stattfindende Wanderungen aus. Während die Nomaden mit ihren Herden im Sommer auf Hochweiden verweilten, siedelten sie im Winter in Tälern der Vorberge oder aber in den Ebenen (vgl. BETKE 2003 S. 17).

Aufgrund des fehlenden direkten Eingriffs in den Boden, des ständigen Standortwechsels sowie eines ausgewogenen Verhältnisses zwischen der Herdengröße und der genutzten Fläche, welche eine Bodendegradierung durch Überweidung vermied, kann auch die nomadische Viehhaltung als eine durchaus nachhaltige Bewirtschaftungsweise angesehen werden. Heute spielt die nomadische Weidewirtschaft jedoch nur noch eine untergeordnete Rolle. Grund sind der Verlust von großen Weideflächen auf Kosten der in den 50er Jahren beginnenden Neulanderschließung und der damit verbundene Entzug der nomadischen Lebensgrundlage sowie der darauf folgende Anstieg der Sesshaftigkeit, welche durch die Han-Chinesen in Form von Zwangskollektivierungen forciert wurde (vgl. Kapitel 6.6).

---

[17]Mögliche Ursachen für die extensiven Anbaumethoden sind die oft fehlende Düngung, Streusaat statt Saat in Reihen sowie die unzureichende Ausstattung mit Ackergeräten (vgl. HOPPE 1992, S. 190).

4.2 Wasserressourcen und Landnutzung nach 1949

Vor dem Hintergrund der immer wieder durch mächtige örtliche Machthaber unterbrochenen und allmählich verloren gegangenen Kontrolle Chinas über Xinjiang, lag der neuen Regierung besonders viel an einer dauerhaften Anbindung der Region an das Kernland. Um dieses Ziel zu erreichen, wurde die zuvor unabhängige „Republik Ostturkestan" der neuen Volksrepublik China angeschlossen und eine massive Ansiedlung von Han-Chinesen forciert, um die einheimischen Völkerschaften fortan besser kontrollieren zu können.

Da die uigurischen Flussoasen jedoch kaum erweiterbar waren, die Neusiedler jedoch eine entsprechende Lebensgrundlage benötigten, wurden mehrere wissenschaftliche Untersuchungen durchgeführt, um die Erschließungsmöglichkeiten im Tarim-Becken zu prüfen. Die aus den Vorarbeiten resultierenden Maßnahmen – ein Landerschließungsprogramm gefolgt von Schüben einer massiven Agrarkolonisation – bewirkten innerhalb von nur zwei Jahrzehnten eine radikale landschaftliche Metamorphose sowie tief greifenden politischen, ökonomischen, sozialen und ökologischen Veränderungen. (vgl. GRUSCHKE 1991, S. 69 f.).

Der systematische Umbau des Ökosystems umfasste einerseits die Rodung eines großen Teils der den Tarim zuvor säumenden Auenwälder und die darauf folgende Anlage von Bewässerungsanbauflächen auf den gerodeten Flächen. Andererseits sorgte die zeitgleich laufende Errichtung einer bis dahin in dieser Region weitgehend fehlenden Infrastruktur in Form von sozialen Einrichtungen, Straßen, Bewässerungsanlagen und Wasserreservoirs für ein stark verändertes Landschaftsbild.

4.2.1 Die Gründung des Produktions- und Aufbaukorps (PAK)

Kontrolliert und maßgeblich durchgeführt wurden der infrastrukturelle Aufbau sowie die Neulanderschließung und die damit verbundene Bewirtschaftung von Staatsfarmen durch das offiziell 1954 gegründete Produktions- und Aufbaukorps. Die durch die Zentralregierung berufene halb militärische, halb zivile Organisation hatte zum einen landwirtschaftlichen Aufgaben, welche vor allem die Versorgung der in Xinjiang stationierten Truppen[18] und der wachsenden Bevölkerung zum Ziel hatten. Zum anderen hatte das PAK durch die Kontrolle der Staatsgrenzen und der ethnisch gemischten Bevölkerung auch eine militärstrategische Funktion (vgl. HALIK 2003, S. 66 f.). Das noch heute existierende PAK kann aufgrund seiner kontrollierenden Funktion und seiner weitgehenden Unabhängigkeit von der Regierung Xinjiangs gewissermaßen als „Staat im Staat" angesehen werden (HALIK 2003, S. 67).

---

[18] Neben dem PAK sind hiermit auch Grenzposten und Einheiten der Volksbefreiungsarmee (VBA) gemeint, welche vor allem in der Zeit des chinesisch-sowjetischen Konflikts (1958 bis 1987) verstärkt in Xinjiang (zur Grenzsicherung) stationiert wurden. (vgl. BOHNET, GIESE, GANG 1998, S. 41).

4.2.2 Die Gründung der Staatsfarmen

Die nach dem Muster der sowjetischen Staatsbetriebe unter Leitung des PAK gegründeten Staatsfarmen waren Ausdruck han-chinesischer Ackerbaukultur und standen der traditionellen uigurischen Oasenwirtschaft somit in vielerlei Hinsicht entgegen. Ziel war eine möglichst ertragreiche Landwirtschaft, welche durch einen hohen Nutzungskoeffizienten, intensive, wenig an die Standortbedingungen angepasste Anbaumethoden und ausreichend Bewässerung sowie Düngereinsatz erreicht werden sollte. Die Bewirtschaftung erfolgte auf schachbrettartig angelegten Feldern, welche aufgrund des Mechanisierungsgrads Größen von 500 mal 1000 Meter erreichten. Bis heute gehören Getreide, Zuckerrüben, Reis und Baumwolle zu den Hauptanbauprodukten. Von insgesamt 170 Staatfarmen in Xinjiang wurden 35 Staatsfarmen entlang des Tarim gegründet (vgl. Abb. 7; GRUSCHKE 1991, S. 72; HALIK 2003, S. 67).

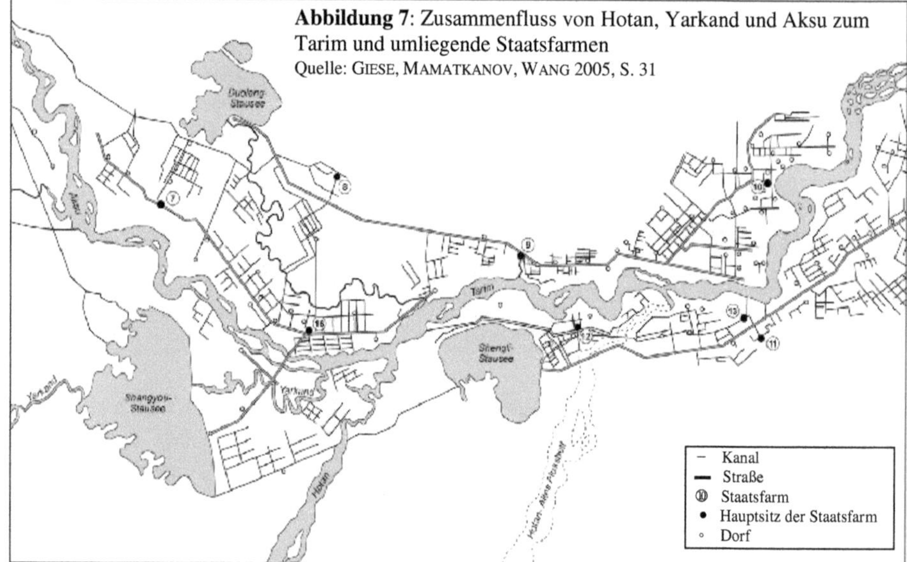

Abbildung 7: Zusammenfluss von Hotan, Yarkand und Aksu zum Tarim und umliegende Staatsfarmen
Quelle: GIESE, MAMATKANOV, WANG 2005, S. 31

4.2.3 Neulanderschließung entlang des Tarim

Das bis zu 100 km breite Tal des Tarim war bis 1949 nahezu unbesiedelt und eignete sich nach Ansicht kommunistischer Planer demnach besonders gut als Neulandgebiet. Nach mehrjährigen Vorarbeiten, begann man 1958 schließlich mit der gezielten Umsetzung der Neulanderschließung. Die bestehende Anbaufläche von rund 33 km² im Jahr 1950, sollte durch eine neu erschlossene Bewässerungsfläche von 2.000 km² entlang des Tarim und seiner Seitentäler ergänzt werden (vgl. GRUSCHKE 1991, S. 71; GIESE, MAMATKANOV, WANG 2005, S. 19).

Nach Ansiedlung des PAK an zentralen Punkten des Flusssystems, welche als landwirtschaftlich viel versprechend angesehen wurden, kam es bereits Ende 1957 im Bereich des Zusammenflusses der Quellflüsse Aksu, Yarkand und Hotan bei Alar zu dem Aufbau einer „Pionierfront". Das an dieser Stelle erschlossene 300 km² große Neuland wurde in nur drei Jahren zu 440 km² Ackerfläche mit zehn Staatsfarmen und über 156,5 km langen Hauptkanälen ausgebaut.

Nach einer großräumigen Erschließung entlang des Oberlaufs wurden auch entlang des Mittel- und Unterlaufs große Flächen Neuland erschlossen, so gelang es beispielsweise am Unterlauf des Tarim innerhalb von nur drei Jahren 400 km² Neuland mit sieben Staatsfarmen, 173 km langen Hauptkanälen und drei Stauseen, welche ein Fassungsvolumen von 153 Mio. m³ aufwiesen, zu erschließen (vgl. GRUSCHKE 1991, S. 73).

Nach GIESE ET AL. (2005) wurden die Bewässerungsflächen entlang des Tarim und den umliegenden Oasen bis 1988 auf insgesamt 2.814 km² ausgedehnt. 2001 umfasste das erschlossene Neulandgebiet entlang des Tarim nach FENG ET AL. (2001) bereits 5.269 km² und ist somit mehr als doppelt so groß wie die anfänglich geplante Erschließungsfläche von 2.000 km². Der jährliche Wasserverbrauch beläuft sich dabei auf etwa 11 Mrd. m³, was etwa dem fünffachen Volumen des Chiemsees entspricht. Im gesamten Einzugsgebiet des Tarim wurde bis 1995 insgesamt 7.700 km² neue Bewässerungsfläche (6.700 km² Bewässerungsfeldbaufläche) erschlossen, was etwa der dreifachen Größe von Luxemburg entspricht. Um die Fläche bewässern zu können, wurde ein Kanalnetz von 5.985 km Länge gebaut, welches einschließlich der kleinen Ableitungskanäle eine Länge von insgesamt 58.732 km aufweist und somit dem 1,5fachen Umfang der Erde entspricht. Zur Regulierung des natürlichen Abflusses wurden zwischen 1958 und 1981 zudem mehr als 70 Stauseen mit einer Kapazität von 2,6 Mrd. m³ geschaffen (vgl. Tabelle 2; GIESE, MAMATKANOV, WANG 2005, S. 19 ff.; FENG, ENDO, CHENG 2001, S. 232).

Tabelle 2: Die größten Stauseen entlang des Tarim
Quelle: GIESE, MAMATKANOV, WANG 2005, S. 20

	Name	Baujahr	Wasserfläche in ha	Aktuelle Kapazität in Mio. m³
Oberlauf	Jiranlik	1980	4000	59,3
	Dare Yiqiman	1972	4000	32,0
	Dazhai	1971	2667	21,0
	Paman	1972	3333	46,0
Mittellauf	Tarim	1971	800	14,2
	Karquk	1973	3000	10,7
Unterlauf	Qiala	1966	10000	116,8
	Daxihaizi	1958	12000	228,0

Da die Erschließungsmaßnahmen größtenteils mit einfachen Mitteln durchgeführt wurden, geht etwa 60 Prozent des Wassers auf dem Transport zu den Bewässerungsflächen durch Infiltration verloren. Die Effizienz der Wassernutzung liegt demnach bei nur 40 Prozent.

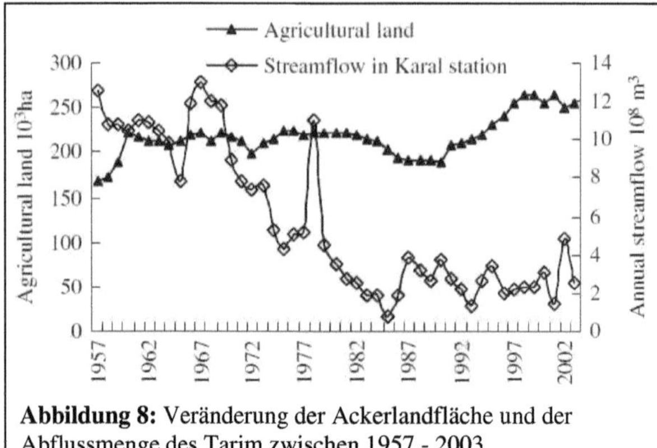

Abbildung 8: Veränderung der Ackerlandfläche und der Abflussmenge des Tarim zwischen 1957 - 2003
Quelle: XAO, CHEN, LI 2008, S. 440

Zusammenfassend kann festgehalten werden, dass die großflächige Neulanderschließung und die damit zusammenhängende Ausweitung des Bewässerungsfeldbaus zu einem starken Wasserverbrauch geführt hat, welcher sich durch die Ausdehnung des wasseraufwendigen Reis- und Baumwollanbaus seit den 80er Jahren noch einmal sprunghaft vergrößert hat (vgl. Abb. 8).

Aufgrund ähnlicher Entwicklungen entlang der Quellflüsse des Tarim, hat die durch den Kaschgar, Yarkand und Hotan dem Tarim zugeführte Abflussmenge innerhalb der letzten Jahre stark abgenommen.

Während der Fluss Kaschgar dem Tarim schon seit Jahren kein Wasser mehr zuführt, handelt es sich bei dem Yarkand um nur noch sehr geringe Mengen. Der Hotan führt dem Tarim dagegen nur noch periodisch (vor allem im Sommer, bedingt durch die einsetzende Schnee- und Gletscherschmelze) Wasser zu. Bereits in

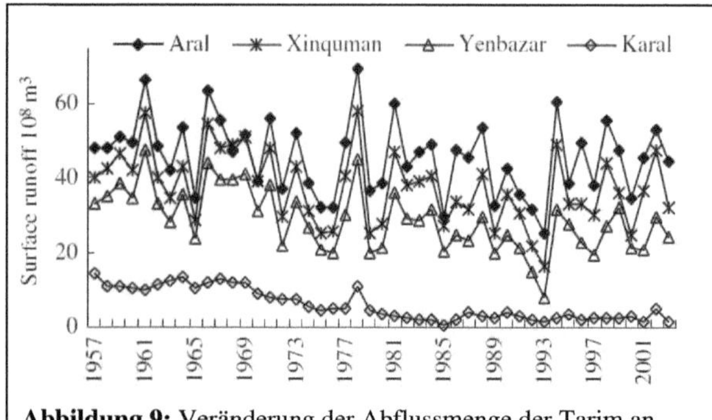

Abbildung 9: Veränderung der Abflussmenge der Tarim an verschiedenen Streckenabschnitten zwischen 1957 – 2003
Quelle: HAO, CHEN, LI 2008, S. 438

den 60er Jahren wurde der Aksu aufgrund dessen der wichtigste Quellfluss des Tarim.

Mittlerweile entstammen etwa drei Mrd. km³ und damit ca. 75 Prozent der Abflussmenge des Tarim aus dem transnationalen Fluss Aksu, etwa 20 Prozent aus dem Hotan und lediglich nur noch ca. ein Prozent entfallen auf den Yarkand. Der Rest von knapp fünf Prozent werden dem Tarim im Bereich seines Mittellaufs durch den Nebenfluss Konque zugeführt (vgl. GIESE, MAMATKANOV, WANG 2005, S. 5 ff).

Der hohe Wasserverbrauch für den Bewässerungsfeldbau und der damit einhergehende abnehmende Zufluss der Quellflüsse führte innerhalb der letzten Jahrzehnte zu einer extremen Reduzierung der Abflussmenge des Tarim, welche sich vor allem an dessen Unterlauf bemerkbar gemacht hat (vgl. Abb. 9).

5. Ursachen der Zerstörung des ökologischen Gleichgewichts

Aus dem Vorrangegangenen schließend sowie durch zahlreiche Literaturquellen bestätigt, gilt die in den 50er Jahren einsetzende „moderne" Landwirtschaft als die Hauptursache für den Rückgang der Abflussmenge des Tarim und demnach auch als Verursacher der darauf folgenden Zerstörung des ökologischen Gleichgewichts im Einzugsgebiet des Tarim.

Will man nun die einzelnen Ursachen für die gegebene Entwicklung hervorheben, muss zu allererst das mit der wirtschaftlichen Entwicklung einhergehende Bevölkerungswachstum (vgl. Abb. 10) erwähnt werden. Ohne dieses sowie ohne das Streben der Zentralregierung nach einem ökonomischen „take off" der Region, wäre die Vielzahl an neuen Erschließungsgebieten nur wenig Sinn bringend gewesen. Des Weiteren gelten die überstürzt und weitgehend unvorbereiteten Erschließungsarbeiten als ein wesentlicher Verursacher der ökologischen Folgen, da sie dazu führten, dass der geringe Nutzwert vieler Felder erst nach ihrer

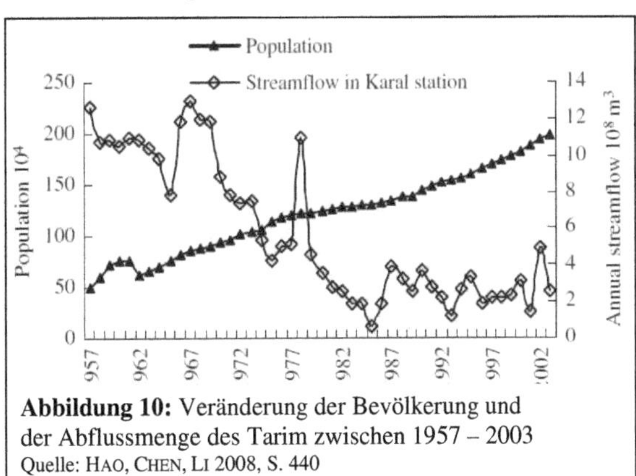

Abbildung 10: Veränderung der Bevölkerung und der Abflussmenge des Tarim zwischen 1957 – 2003
Quelle: HAO, CHEN, LI 2008, S. 440

Erschließung erkannt wurde. Folge war eine schnelle Flächenaufgabe und ein damit zusammenhängender gravierender Flächenverlust. Die schlecht durchdachten Erschließungsmaßnahmen führten zudem zu der Errichtung von nur wenig den örtlichen Gegebenheiten angepassten Be- und Entwässerungssystemen, welche aufgrund ihrer hohen

Wasserverluste als höchst ineffizient gelten. Als eine letzte Ursache ist der in den 80er Jahren erfolgte Bedeutungszuwachs von wirtschaftlichen Nutzpflanzen zu nennen, welcher die Verdrängung von Nahrungspflanzen zugunsten der viel mehr Wasser beanspruchenden Baumwolle in Gang setzte (vgl. Abb. 11) und somit einen nochmals extrem steigenden Wasserverbrauch verursachte (vgl. HAO, CHEN, LI 2008, S. 443; HOPPE 1992, S. 71) .

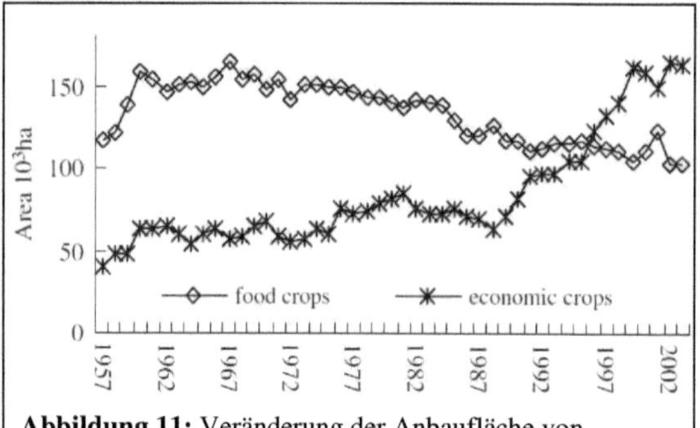

Abbildung 11: Veränderung der Anbaufläche von Nahrungspflanzen und wirtschaftlichen Nutzpflanzen zwischen 1957 – 2003
Quelle: HAO, CHEN, LI 2008, S. 443

Nach Klärung der anthropogenen Ursachen stellt sich an dieser Stelle die bisher noch nicht gestellte Frage, welchen Einfluss der Klimawandel auf die aktuelle Entwicklung hat beziehungsweise inwiefern er zu ihrer Entstehung beigetragen hat. Trockene Gebiete wie das Einzugsgebiet des Tarim zeichnen sich durch eine hohe Sensibilität und Variabilität aus, weshalb bereits kleine, durch den Klimawandel bedingte Änderungen der Temperatur oder des Niederschlags deutlich sichtbare Veränderungen hinsichtlich des Abflusses und der Verdunstung hervorrufen können (vgl. CHEN ET AL. 2008, S. 4219).

Nach Messungen von XU ET AL. (2006) kam es im Einzugsgebiet des Tarim innerhalb der letzten 50 Jahre zu einem Anstieg der Temperatur um knapp 1°C von durchschnittlich 6,65° vor 1986 auf durchschnittlich 7,34° nach 1986 (Anstieg um 9,4 Prozent) sowie einem Anstieg des Niederschlags um 33,5 mm von durchschnittlich 142,6 mm vor 1986 und 179,7 mm nach 1985 (Anstieg um 22,9 Prozent) (vgl. Abb. 12). Das Gebiet gilt demnach als stark von der globalen Klimaerwärmung beeinflusst.

CHEN UND XU (2005) haben in diesem Zusammenhang mit Hilfe der Mann-Kendall-Methode[19] mehrere Jahresabflussmessungen sowohl des Tarim als auch seiner Quellflüsse Hotan, Aksu und Yarkand gemacht. Wie anhand von Abb. 13 nachzuvollziehen ist, ist der Abfluss der Quellflüsse des Tarim in Abhängigkeit mit dem Klimawandel angestiegen. Da der Tarim hinsichtlich seiner Abflussmenge stark abhängig von seinen Quellflüssen ist, prognostizierte eine Trendanalyse ähnliche Ergebnisse für seine Abflussentwicklung.

---

[19] Der Mann-Kendall-Test dient der Trendanalyse. Er zeigt, ob in einer Zeitreihe von Messwerten ein statistisch signifikanter Trend vorliegt oder nicht. Die Methode ist besonders geeignet, um Trends in Datenreihen mit längeren Mittlungsperioden zu untersuchen (vgl. JIANG, ZHOU, CHEN 2007, S. 54).

Warum aber ist die Abflussmenge des Tarim innerhalb der letzten Jahrzehnte trotz alledem gesunken?

Eine von HAO, CHEN UND LI (2008) durchgeführte Korrelationsanalyse hat gezeigt, dass der Abfluss des Tarim im Gegensatz zu seinen Quellflüssen keine offensichtlich signifikante Korrelation zu Temperatur und Niederschlag aufweist. Konsequenz dieser Messung ist, dass der Abfluss des Tarim stark anthropogen beeinflusst ist, während seine im Gebirge entspringenden Quellflüsse eindeutig mit dem Klimawandel korrelieren.

Festgehalten werden kann demnach, dass das Einzugsgebiet des Tarim stark durch den Klimawandel beeinflusst wird. Bezüglich der Quellflüsse des Tarim zeigt sich dies einerseits durch eine höhere Niederschlagsmenge und andererseits durch eine höhere Verdunstungsrate. Die ansteigende Abflussmenge der Quellflüsse lässt darauf schließen, dass in deren Quellbereich der Anstieg des Niederschlags den Anstieg der Verdunstung übersteigt.

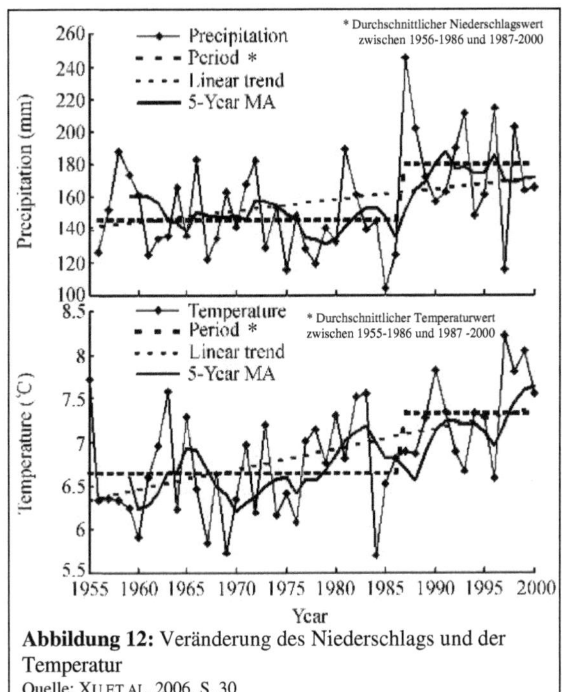

Abbildung 12: Veränderung des Niederschlags und der Temperatur
Quelle: XU ET AL. 2006. S. 30

Im Bereich des Tarim ist die Situation komplexer. Zwar zeigen sich auch hier die Folgen des Klimawandels in Form von einer erhöhten Verdunstungsrate. Insgesamt ist die Wirkkraft des Klimawandels jedoch im Hinblick auf den Rückgang der Abflussmenge stark anthropogen überprägt. Bezüglich der zukünftigen Auswirkung des Klimawandels gibt es auseinander gehende Meinungen: Während einige Forscher der Ansicht sind, dass es aufgrund von Gletscherrückgang und der damit zusammenhängenden Ausweitung der Landdegradation trockener und wärmer wird, gehen andere infolge der erhöhten Niederschlagsrate von einem feuchter und wärmer werdenden Klima aus (vgl. CHEN ET AL. 2004, S. 4219).

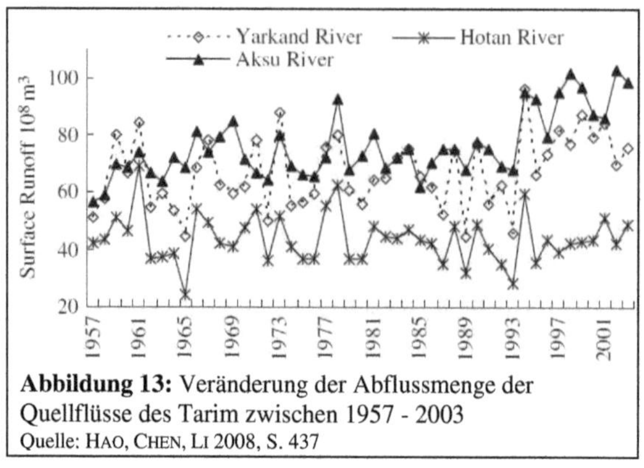

Abbildung 13: Veränderung der Abflussmenge der Quellflüsse des Tarim zwischen 1957 - 2003
Quelle: HAO, CHEN, LI 2008, S. 437

Bis heute gelten die aufgeführten Annahmen über den Einfluss der Klimaerwärmung auf die örtlichen Gegebenheiten im Einzugsgebiet des Tarim als nicht vollkommen sicher, weshalb auch in Zukunft weitere Forschungsmaßnahmen in diesem Gebiet dringend notwendig sind.

6. Ökologische Folgen

Neben den zunehmenden Konflikten zwischen den unterschiedlichen gesellschaftlichen Gruppen[20] brachte die intensive Neulanderschließung bereits nach wenigen Jahren viele Symptome ökologischer Zerstörungen hervor, welche im Folgenden näher erläutert werden.

6.1 Austrocknung der Endseen und des Unterlaufs des Tarim

Die groß angelegten Bewässerungsgebiete in den Oasen Hotan, Kaschgar und Yarkand sowie am Oberlauf des Tarim führten zwangsläufig dazu, dass sein Mittel- und Unterlauf nur noch wenig bis gar kein Wasser mehr führte (vgl. Abb. 9; GIESE, MAMATKANOV, WANG 2005, S. 8). Verstärkt wurde diese Situation durch die große Anzahl an Stauseen und Bewässerungskanälen sowie der damit zusammenhängenden hohen Wasserverluste aufgrund hoher Verdunstungsraten (vgl. BOHNET, GIESE, GANG 1999, S. 46). Die Reduzierung der Abflussmenge des Tarim hat inzwischen zu einer Verkürzung seiner Fließstrecke um 321 km sowie zu einem dadurch initiierten Trockenfallen der ehemaligen Endseen Lopnor und Taitema-See geführt (vgl. Abb. 1; Abb. 13; XAO, CHEN, LI 2008, S. 436).

Abbildung 13:
Ehemaliger Taitema-See
Quelle: SUCCOW 2009, Online
unter: www.naturschutztage.de/inhalt/
nachlese/09/oekosysteme_asiens.pdf

---

[20] Gemeint sind hier die Auseinandersetzungen der Uiguren und der Han-Chinesen, deren Ursprung in der um Wasser und Boden konkurrierenden Bewirtschaftungsweisen der parallel existierenden Oasenwirtschaft und der Neulanderschließung liegt (vgl. HALIK 2003, S.67).

6.2 Zerstörung der Auenwälder und der Wüstenvegetation

Der Wasserabzug am Unterlauf des Tarim führte in diesem Bereich zu einer Grundwasserabsenkung von 8-12 Metern (vgl. XAO, CHEN, LI 2008, S. 436) mit der Folge einer großflächigen Zerstörung der Auenwälder und der Wüstenvegetation. Durch die fehlende Wasserzufuhr verkümmerten die Wälder und starben nachfolgend ab. Jedoch ist die Vernichtung der Auenwälder, welche entlang des Tarim vorrangig aus Pappelarten bestehen, nicht allein auf die Abflussmenge zurückzuführen. Große Teile des Waldes fielen im Zuge der Neulandkampagne großflächigen Kahlschlägen zum Opfer. Zwischen 1958 und den 90er Jahren hat sich der Pappelbestand insgesamt auf etwa 50 Prozent reduziert. Betrachtet man die Bestände am Unterlauf isoliert, beträgt der Rückgang sogar mehr als 85 Prozent (vgl. Tab. 3; Abb. 14 und 15).

Tab. 3: Entwicklung der Pappelbestände entlang des Tarim zwischen Alar und dem Taitema-See
Quelle: GIESE 2005, S. 24

Zeitabschnitt	Oberlauf ha	Mittellauf ha	Unterlauf ha	Summe ha
50er Jahre (1958)	230.000	175.800	54.000	459.800
70er Jahre (1978)	58.200	100.200	16.400	174.800
90er Jahre	122.700	116.500	6.700	245.900

Die Zerstörung der Wüstengehölze, vor allem der Strauchformationen, bestehend aus Tamarisken und Saksaul, hängt in erster Linie mit dem Bevölkerungsdruck zusammen, welcher nach Ansiedlung der Han-Chinesen in den 50er Jahren entstand. Der in diesem Zusammenhang entstehende Brennstoffbedarf führte zu einer massiven Brennstoffentnahme aus den Wüstengehölzen, da kaum Brennstoffalternativen zur Verfügung standen (vgl. GIESE, MAMATKANOV, WANG 2005, S. 24 ff.).

6.3 Versandung

Das Fehlen der stabilisierende Wirkung der Vegetation, hervorgerufen durch deren Zerstörung, hat innerhalb der letzten Jahrzehnte Überwehungs- und Versandungsprozesse in Gang gesetzt, weshalb die Versandung als eine direkte Folgewirkung

Abbildung 14: Gesunder Pappelbestand (populus euphratica) am Unterlauf des Tarim;
Abbildung 15: Geschädigter Pappelbestand (populus euphratica) am Mittellauf des Tarim
Quelle: GIESE 2005, S. 25 (verändert)

der Zerstörung genannter Vegetation betrachtet werden kann. Im Einzugsgebiet des Tarim sind vor allem der Mittel- und Unterlauf von der Versandung betroffen. Nach FENG, ENDO UND CHENG (2001) nahmen die Versandung und die damit einhergehende Desertifikation im Einzugsgebiet des Tarim zwischen 1958 und 1987 um 30 Prozent von 24.600 km² auf 32.000 km² zu (Anstieg Oberlauf: 13,7 Prozent, Anstieg Mittellauf: 30,1 Prozent und Anstieg Unterlauf: 35,3 Prozent). Neben wertvollem Ackerland sind aufgrund des Fehlens der zuvor schützenden „Grünen Korridore" auch zunehmend die Oasendörfer von Versandung betroffen (vgl. Tab. 4). Nach Aussagen von GIESE UND SEHRING (2006) zufolge werden im Zuge der Klimaerwärmung zudem die Intensität und die Häufigkeit von Sand- und Staubstürmen zunehmen.

Tabelle 4: Durch Starkwinde und Sand-Staubstürme ausgelöste Katastrophen im Einzugsgebiet des Tarim
Quelle: GIESE, MAMATKANOV, WANG 2005, S. 27

	An-zahl	**Betroffene landwirtschaftliche Nutzfläche, 1000 ha**	**Getötetes Vieh**	**Getötete Menschen**	**Zerstörte Häuser**	**Schäden in Mio. Yuan**
50er Jahre	2	36				
60er Jahre	8	724	509	5	373	
70er Jahre	5	1638	7519	16	1752	
80er Jahre	18	1352	24775	12	2556	
90er Jahre	25	3470	48068	3	1943	507,9
Summe	58	7157	80871	36	6624	60,2

6.4 Versalzung

Nach HOPPE ist die sekundäre Versalzung (anthropogen bedingte Versalzung) von Kulturland ein Symptom für den falschen Umgang mit der nur in beschränktem Umfang verfügbaren und daher sehr wertvollen Ressource Wasser und immer auch ein Zeichen für Wasserverschwendung (vgl. HOPPE 1992, S. 78). Im Hinblick auf die Neulanderschließung im Einzugsgebiet des Tarim wurden und werden genau diese Umstände durch eine Bewässerungspraxis und ein Bewässerungssystem, welches sich den jeweiligen Standortbedingungen nur unzureichend anpasst, erreicht. Hohen Wasserabgaben für den Reis- und Baumwollanbau steht eine ungenügende Kapazität der Entwässerungssysteme gegenüber. Aufgrund eines zu geringen Gefälles sowie einer geringen hydraulischen Durchlässigkeit der Sedimente in der Ebene (zumeist Lehmböden) ist eine zügige Ableitung des verbrauchten Wassers von den Feldern nicht möglich. Des Weiteren ist das Netz der Entwässerungsgräben zu weitmaschig. Neben den Drainagesystemen haben auch die zahlreichen Staubecken entlang des Tarim durch fehlenden Schutz vor Versickerung zur Erhöhung des dortigen Grundwasserspiegels und einer darauf folgenden Bodenversalzung beigetragen.

Die Folge der mangelhaften Abflussmöglichkeiten des Wassers aus den Bewässerungsflächen ist – in Verbindung mit der starken Verdunstungskraft – oft ein Überschreiten der so genannten „kritischen Tiefe"[21] des Grundwasserspiegels. Durch die meist mehrfach wieder verwendeten mineralisierten Abflusswässer wird die Salzkonzentration zusätzlich erhöht (vgl. BETKE 1998, S. 139 ff.). Die einseitige Beanspruchung des in Monokultur betriebenen Reis- und Baumwollanbaus und die dadurch hervorgerufene Auslaugung des Bodens, welche durch Zugabe von großen Mengen an Düngemitteln kompensiert werden sollte, führte ebenfalls zu erhöhter Versalzung (vgl. GIESE, MAMATKANOV, WANG 2005, S. 30). Im nördlichen Tarim-Becken sind entsprechend 25 bis 50 Prozent der Ackerflächen von Versalzungsproblemen gekennzeichnet. Folgen sind Ernteausfälle, Aufgabe von alten Bewässerungsflächen bei gleichzeitiger Erschließung neuer Flächen oder gar die Verlegung ganzer Staatsfarmen (vgl. BOHNET, GIESE, GANG 1999, S. 40). Die sekundäre Versalzung wird zudem durch die primäre Versalzung[22] verstärkt. Zudem spielt auch hier die Klimaerwärmung eine wichtige Rolle. Sie wirkt aufgrund der durch sie bedingten Verstärkung der Verdunstungsaktivität als ein den Versalzungsprozess beschleunigender Faktor.

6.5 Wasserverschmutzung

Die Wasserverschmutzung ist eng an die Versalzung gekoppelt. Vor allem der Unterlauf ist inzwischen durch eine extrem geringe Wasserqualität gekennzeichnet, da das Wasser hier durch mehrmaliges Einleiten von Drainagewasser der vorlagernden Erschließungsgebiete stark mineralisiert ist. Während der Salzgehalt am Oberlauf 1960 noch bei 1,28 g/l lag, wurden bereits 1965 Werte von 3,5 g/l gemessen, welche bis 1998 auf 7,8 g/l anstiegen. Am Mittellauf belief sich die Salzkonzentration 1960 zwischen 0,43 g/l und 0,82 g/l, 1995 dagegen zwischen 0,62 g/l und 1,4 g/l. Die am Unterlauf gemessenen Werte zwischen 1,02 g/l und 8,9 g/l 1960 stiegen bis 1995 auf Salzwerte zwischen 5 g/l und 16 g/l an (vgl. FENG, ENDO, CHENG S. 232).

---

[21] Die kritische Tiefe beschreibt jenen Grenzwert der Grundwassertiefe, mit dessen Überschreiten unter ariden Klimabedingungen eine stetige Salzanreicherung aus dem Grund- und Bodenwasser im Kulturhorizont einsetzt. Je höher die Temperatur im untersuchten Gebiet ist, desto tiefer muss der Grenzwert angesetzt werden. Beispiel: Im Gebiet von Aksu, welches eine Jahrsdurchschnittstemperatur von 10°C aufweist, liegt die „kritische Tiefe" bei 250 cm, im Gebiet um Korla mit einer Jahresdurchschnittstemperatur von 8°C liegt die „kritische Tiefe" bei 234 cm (vgl. HOPPE 1992, S. 91).

[22] Die primäre Versalzung (natürliche Versalzung) erfolgt durch die das Gebiet kennzeichnende starke Bodenevaporation und den darauf folgenden kapillaren Aufstieg salzhaltiger Bodenwasserlösungen, deren mineralische Bestandteile sich in den oberen Bodenhorizonten anreichern, während die wässerigen Bestandteile an der Oberfläche verdunsten. Die an der Oberfläche angereicherten Salze werden aufgrund des meist zu geringen oberflächigen Abflusses nur selten ausgewaschen. Stattdessen wird die Versalzung oft noch durch salzhaltige Gesteinsschichten der umliegenden Gebirge, deren Salze der Ebene zum Beispiel gelöst in Form von Sturzregen oder in Form von festen vom Wind mitgeführten Partikeln zugeführt werden, verstärkt (vgl. HOPPE 1992 S. 79).

Neben der Wiederverwendung von mineralisiertem Abflusswasser führt vor allem der massive Düngermitteleinsatz seit Mitte der 80er Jahre zu einer deutlichen Herabsetzung der Wasserqualität des Tarim (vgl. BOHNET, GIESE, GANG 1999, S. 48).

6.6 Degradation der Weideflächen

Da die Neulanderschließung zu einem großen Teil auf ehemaligem (nomadischem) Weideland stattfand, kam es zu einer enormen Verkleinerung der zur Verfügung stehenden Weidefläche, welche selbst bei gleich bleibendem Tierbestand eine extreme Überweidung zur Folge hatte[23]. Der dadurch hervorgerufenen Dezimierung der Pflanzendecke folgte wiederum eine zunehmende Versandung (vgl. GRUSCHKE 1991, S. 74).

Die dadurch entstandenen Verluste nutzbarer Weideressourcen wurden in Kauf genommen, da es in der Tradition der chinesischen Landwirtschaft liegt, der Pflanzenproduktion eine höhere Wichtigkeit beizumessen. Des Weiteren konnten die Han-Chinesen die Nomaden durch den Entzug der Landfläche, welche gleichzeitig ihre Lebensgrundlage darstellte, zur Sesshaftigkeit zwingen.

Schätzungen von HOPPE (1992) zufolge verursachten die seit 1949 in Xinjiang neu erschlossenen Ackerflächen von insgesamt 3,4 Mio. Hektar einem Flächenverlust für die Viehwirtschaft von mindestens 10 Mio. Hektar. Die große Differenz zwischen der für die Viehwirtschaft verloren gegangenen Fläche und der tatsächlich für die Landwirtschaft genutzten Fläche hat folgende Gründe:

- Ein Großteil der neu erschlossenen Flächen entfiel auf die neu erbaute Infrastruktur.
- Ein Großteil der zu Ackerflächen umgewandelten Weideflächen wurde bereits nach kurzer Nutzung aufgrund einer zu geringen Fruchtbarkeit des Bodens wieder aufgegeben.

Große Teile dieser besetzten Flächen befinden sich im Einzugsgebiet des Tarim.

6.7 Auswirkungen der ökologischen Folgen auf die Landwirtschaft

Wie bereits angemerkt, sind die viele Folgen wieder anderen vor- oder nachgelagert und bedingen sich demnach gegenseitig. Um Wirkungszusammenhänge zu verstehen, müssen die einzelnen Folgen demnach immer in Beziehung zueinander gesetzt und im Verbund betrachtet werden.

Bezogen auf die Landwirtschaft ergeben sich nach GRUSCHKE dementsprechend zwei sich summierende Ursachenketten, die ihre Effizienz aufgrund negativer Rückkopplungen immer mehr vermindern:

---

[23] Ungeachtet dessen besteht eine Tendenz zur Vergrößerung statt zur Verkleinerung der Herden, durch welche ein Überweidungsrückgang vorerst nicht abzusehen ist (vgl. BOHNET, GIESE, GANG 1999, S. 50).

1. Erhöhung des Mineralgehalts im Oberflächen- und Grundwasser

→ zunehmende Bodenversalzung

→ sinkende Agrarerträge

2. Sinkender Grundwasserspiegel in unbewässerten Gebieten

→ Absterben der Restvegetation (plus Holzeinschlag und Überweidung)

→ weitere Desertifikation (und Degradierung von Wiesen- und Weideland

→ Überweidung)

→ Ausweitung von Flugsandfeldern

→ Versandung von Ackerflächen

→ sinkende Erträge (vgl. GRUSCHKE 1991, S. 75)

7. Lösungsansätze und Gegenmaßnahmen

Verstärkt seit Ende der 70er Jahre werden die ökologischen Fragen von Wissenschaftlern und Politikern wahrgenommen und erforscht. Von einer breiteren Öffentlichkeit werden die ökologischen Probleme des Tarim jedoch erst seit einigen Jahren wahrgenommen.

Die wichtigsten Maßnahmen zur Verbesserung der gegenwärtigen Situation werden nach Ansicht einer Vielzahl der sich mit dem Gebiet befassenden Forscher in der Entwicklung eines effektiven Wassermanagementsystems, welches den Wasserverbrauch reduziert sowie eines entsprechenden Landnutzungsplans, welcher die weitere Ausdehnung von Ödland minimiert, gesehen.

Das Wassermanagementsystem zeichnet sich durch folgende Einzelmaßnahmen aus:

- Umstellung der Bewässerungsart von Flut- auf Tröpfchenbewässerung

- Verbesserung der Rückgewinnung und der Nutzung von Abwässern durch verbessertes Kanalsystem sowie Änderung der Feldstruktur

- Stärkere Kontrolle über illegale Grundwasserbohrungen

- Gerechtere Wassernutzungsrechte durch gesetzliche Änderungen

Der die Landwirtschaft, die Forstwirtschaft sowie die Viehwirtschaft umfassende Landnutzungsplan beinhaltet folgende Einzelmaßnahmen:

- Optimierung und Anpassung der Bepflanzungsstruktur

- Wiederaufforstung gerodeten Pappelwälder und Schutz der bestehenden Wälder

- Randbepflanzung der von Sandsturm gefährdeten Oasen mit Bäumen, Büschen und Sträuchern

(vgl. FENG, ENDO, CHENG 2001, S. 236; XU ET AL. 2006, S. 34; CHEN, XU 2005, S. 73)

Trotz dieser vorhandenen Lösungsansätze und obwohl inzwischen hinreichende Kenntnisse über alternative Bewirtschaftungsformen vorhanden sind, blockierten starke Interessensgegensätze zwischen den Staatsfarmen, den Kleinbauern, der Forstwirtschaft, der Ölindustrie, dem Verkehrswesen, dem Naturschutz und ungeklärten Zuständigkeiten einen Großteil der bisherigen Lösungsversuche.

Ein Beispiel hierfür sind die oftmals nur halbherzig durchgeführten Maßnahmen zur Reduzierung der Bodenversalzung, wie die Einführung verbesserter Drainagesysteme oder aber der Umstieg von Monokulturen auf Fruchtwechselsysteme.

Ein anderes, weitaus größeres Projekt stellt dagegen das im Jahr 2000 gestartete Ecological water conveyance project (EWCP) dar. Zielinhalt des Projekts ist die Wiederherstellung des „Grünen Korridors" am Unterlauf des Tarim. Entsprechende Maßnahmen hierfür sind Wassertransfers für die Wiederauffüllung des Taitema-Sees und die Versorgung des Unterlaufs, die Entwicklung der Landwirtschaft, der Ökosystemschutz sowie die Einrichtung einer Wassereinzugsgebietskommission (vgl. HALIK, KÜCHLER, KLEINSCHMIDT 2005 S. 35).

Für die Versorgung des Unterlaufs sollen folgende Wasserquellen angezapft werden:

- der benachbarte Konque-Fluss, welcher durch den Bosten-See gespeist wird
- der Daxihaizi-Stausee
- der Mittellauf des Tarim, dessen Abfluss gleichzeitig durch den Einsatz von modernen, Wasser sparenden Bewässerungstechniken am Oberlauf erhöht werden soll.

Des Weiteren soll ein Deichbau das weit verzweigte Binnendelta im Bereich des Mittellaufs regulieren und somit für eine direktere Wasserleitung zum Unterlauf sorgen. Weitere Maßnahmen zur Entwicklung der Landwirtschaft bestehen in der Einführung einer Tröpfchenbewässerung sowie in dem Bau von Grundwasserbrunnen.

Bezogen auf den Ökosystemschutz ist eine Aufforstung von 22.000 Hektar Ackerland geplant.

Nach YAN ET AL., welche mit Hilfe von GPS, GIS und Fernerkundung die Entwicklung des Gebiets untersucht haben, hat die Wasserumverteilung zu einem Anstieg der Vegetationsdecke und einer Reduzierung der desertifizierten Flächen geführt.

Trotz dieser sichtbaren Verbesserung und des guten Ansatzes kann auch dieses Projekt nach THEVS nicht als ein wirklicher Fortschritt gewertet werden. Der Wassertransfer zulasten des Bosten-Sees – als einer der letzten großen Süßwasserseen in der Region – muss äußerst kritisch betrachtet werden, da so lediglich eine örtliche Verlagerung des Problems bewirkt wird. Zwar ist er aufgrund des am Unterlauf fehlenden Wassers aktuell nötig, auf Dauer ist jedoch aufgrund einer zu großen Wasserentnahme eine Absenkung des Grundwasserspiegels zu vermuten.

Die größten Nutznießer sind zudem weiterhin die in den Staatsfarmen angesiedelten Han-Chinesen (vgl. THEVS 2008 S. 1 ff).

Zusammenfassend betrachtet, handelt es sich folglich auch hier um einen eher kleinen Fortschritt, welcher von einer nachhaltigen Entwicklung noch weit entfernt ist.

Zwar bieten die schon seit mehreren Jahren laufenden Kooperationen der Autonomen Provinz Xinjiang mit universitären Forschungsgruppen [24] Potential und Hoffnung, da ihr Forschungsziel oft primär in der nachhaltigen Ausgestaltung der Region liegt, dennoch gibt es bis heute keinen wirklich revolutionären Lösungsweg für die bestehenden Probleme.

8. Ausblick

Um die ökologischen Probleme im Einzugsgebiet des Tarim, welche eng mit ökonomischen und sozialen Problemen verknüpft sind, in Zukunft lösen zu können, bedarf es neben einer Neuerung der technischen Infrastruktur zweier maßgeblicher Veränderungen, welche einen umfassenden poltitisch-institutionellen Wandel und eine damit einhergehende Veränderung der Struktur und der Verfügungsrechte des PAK voraussetzen. Zum einen muss das bisher zentral organisierte Wasserressourcenmanagement, welches lediglich die Besitzer von Wasserrechten berücksichtigt, in ein System mit dezentraler, transparenter und partizipativer Struktur umgewandelt werden. Zum anderen muss eine Änderung des Wasserpreises erfolgen, da der bisher extrem niedrige Preis die Bevölkerung nur in geringem Maße dazu anhält, mit der wertvollen Ressource Wasser sparsam umzugehen.

Abgesehen von politischen Veränderungen und Instrumenten wie der Preiserhöhung muss innerhalb der Bevölkerung ein stärkeres Bewusstsein für den Wert des Wassers und die Wichtigkeit des Umweltschutzes entwickelt werden. Nur so kann ein nachhaltiger Umgang mit der Ressource Wasser hervorgerufen und damit die Sicherung einer entsprechenden Lebensqualität und einer damit verbundenen lebenswerten Umwelt für die künftigen Generationen gewährleistet werden.

---

[24] Deutsche Beispiele: TU Berlin (Forschungsschwerpunkt: Auenökosysteme, Projekttitel: „Dendroökologische Untersuchungen an Populus euphratica und Picea shrenkiana in Xinjiang/China"; vgl. http://www.oekosys.tu-berlin.de/menue/forschung/projekte/ am 12.06.2009), Uni Greifswald (Forschungsschwerpunkt: Auenökosysteme, Projekttitel: „Anpassungsstrategien an Klimawandel und nachhaltige Landnutzung in Zentralasien (Turkmenistan und Xinjiang, China; vgl. http://www.botanik.uni-greifswald.de/central_asia.html am 12.06.2009))

9. Literaturverzeichnis

BAUMGARTNER A. / LIEBSCHER H.-J. (1996): Allgemeine Hydrologie – quantitative Hydrologie. Bd. 1. 2. Aufl. Berlin, Stuttgart: Borntraeger.

BETKE, D. (1998): Ökologische „Dominoeffekte" chinesischer Landerschließungsstrategien in Zentralasien. In: GIESE, E. / BAHRO, G. / BETKE, D.: Umweltzerstörungen in Trockengebieten Zentralasiens (West- und Ost-Turkestan): Ursachen, Auswirkungen, Maßnahmen. Stuttgart: Franz Steiner Verlag. (Erdkundliches Wissen, 125), S. 121 – 159.

BETKE, D. (2003): Landschaftsentwicklung und Ökosystemwandel als Folge zentralstaatlicher Landnutzungsstrategien in Innerasien: Das Manas-Flußgebiet in Xinjiang, China. Diss., Technische Universität Berlin, Fakultät VI – Planen Bauen Umwelt. Berlin.

BOHNET, A. / GIESE, E. / GANG, Z. (1999): Die autonome Region Xinjiang (VR China) – Eine ordnungspolitische und regionalökonomische Studie. Bd. 2. LIT Verlag Münster-Hamburg-London. (Zentrum für Regionale Entwicklungsforschung der Justus-Liebig-Universität Giessen, 73).

BOHNET, A. / GIESE, E. / GANG, Z. (1998): Die autonome Region Xinjiang (VR China) – Eine ordnungspolitische und regionalökonomische Studie. Bd. 1. LIT Verlag Münster-Hamburg-London. (Zentrum für Regionale Entwicklungsforschung der Justus-Liebig-Universität Giessen, 72).

CHEN Y. / PANG Z. / HAO X. /XU C. / CHEN Y. (2008): Periodic chenges of stream flow in the last 40 years in Tarim River Basin, Xinjinag, China. In: Hydrological Processes, 22 (21), 4212 - 4221.

DIETRICH J. / SCHÖNIGER M. (2008): Abflussregime. Online unter: http://www.hydroskript.de/html/_index.html?page=/html/hykp0706.html am 20.04.09.

FENG, Q. / ENDO, K. N. / CHENG, G. D. (2001): Towards sustainable development of the environmentally degraded arid rivers of China – a case study from Tarim River. In: Environmental Geology, 41 (1-2), 229 – 238.

GEBHARDT, H. (2005): Agrargeographie/Geographie ländlicher Siedlungen. Einführungsvorlesung WS 2005/06.

GIESE, E. / MAMATKANOV, D. M. / WANG, R. (2005): Wasserressourcen und deren Nutzung im Flussbecken des Tarim (Autonome Region Xinjiang/ VR China). Gießen. Online unter: http://www.uni-giessen.de/zeu/Papers/DiscPap%2325.pdf am 05.04.2009.

GIESE, E. / SEHRING, J. (2006): Regionalexpertise – Destabilisierungs- und Konfliktpotential prognostizierter Umweltveränderungen in der Region Zentralasien bis 2020/2050. In: Gießen. Online unter: http://www.wbgu.de/wbgu_jg2007_ex05.pdf am 04.04.2009.

GRUSCHKE, A. (1991): Neulanderschließung in Trockengebieten der Volksrepublik China: und ihre Bedeutung für die Nahrungsversorgung der chinesischen Bevölkerung. Hamburg: Lit Verlag. (Mitteilungen des Instituts für Asienkunde, 194).

HALIK, Ü. (2003): Stadtbegrünung im ariden Milieu. Das Beispiel der Oasenstädte des südlichen Xinjiang, VR China. Diss., Technische Universität Berlin, Fakultät VI-Planen Bauen Umwelt. Berlin. In: Küchler, J. (Hrsg.): Berliner Beiträge zu Umwelt und Entwicklung, 20.

HALIK, Ü. / KÜCHLER, J. / KLEINSCHMIT, B. (2005): Bevor die Erde zur Wüste wird. In: TU International, 57, 34 – 37.

HAO, X. / CHEN, Y. / LI, W. (2008): Impact of anthropogenic activities on the hydrologic characters of the mainstream of the Tarim River in Xinjiang during the past 50 years. In: Environmental Geology, 57 (2), 435 – 445.

HOPPE, T. (1992): Chinesische Agrarpolitik und uygurische Agrarpolitik im Widerstreit: Das sozio-kulturelle Umfeld von Bodenversalzungen und –alkalisierungen im nördlichen Tarim-Becken (Xinjiang). Hamburg: Lit Verlag. (Mitteilungen des Instituts für Asienkunde, 214).

JIANG, Y. / ZHOU C. / CHENG, W. (2007): Streamflow trends and hydrological response to climatic change in Tarim headwater basin. In: Journal of Geographical Sciences, 17 (1), 51 -61.

MÜHR, B. (2007): Klimadiagramm Hotan. Online unter: http://www.klimadiagramme.de/Asien/hotan.html am 20.04.2009

THEVS, N. (2008): "Ökologisches Wasser" für den Tarim. In: China-Informationen, 4. Online unter: http://www.asienhaus.de/public/archiv/thevs-tarim-regulierung.pdf am 06.04.2009.

WEGGEL, O. (1984): Xinjiang/Sinkiang: Das zentralistische China. Hamburg: Lit Verlag. (Mitteilungen des Instituts für Asienkunde, 138).

XU, C. et al. (2006): Climate change and hydrologic process response in the Tarim River Basin over the past 50 years. In: Chinese Science Bulletin, 51 (Beiheft 1), 25 – 36.

YAN, Z. Et al. (2007) : Remote sensing analyses of spatio-temporal changes of the ecological environment in the lower reaches of the Tarim River. In: New Zealand Journal of Agricultural Research, 50 (5), 679 – 687.